ISBN 978-3-662-33490-4   ISBN 978-3-662-33888-9 (eBook)
DOI 10.1007/978-3-662-33888-9

Am Schluß der Seite 53 sind anzufügen:

Allgemeine Vorschriften für die Ausführung elektrischer Starkstromanlagen bei Kreuzungen und Näherungen von Bahnanlagen.

Gültig ab 1. Juli 1908.

§ 1. Allgemeines.

1. Einschränkung von Kreuzungen und Näherungen.

Bahnkreuzungen durch Starkstromleitungen sind auf möglichst wenig Stellen zu beschränken.

Als Kreuzungsstellen sind nach Möglichkeit geeignete Durchlässe und Straßenüberführungen zu benützen.

2. Ausführungsarten der Kreuzungen.

Die Bahnkreuzung kann seitens der Starkstromleitung sowohl oberirdisch als auch unterirdisch erfolgen.

3. Beschaffenheit der Kreuzungen und Näherungen.

Die Leitungen müssen so ausgeführt werden,

a) daß die Anlagen und der Betrieb der Bahn nicht beeinträchtigt oder gefährdet werden,

b) daß eine störende Beeinflussung der auf Bahngebiet befindlichen Schwachstromleitungen ausgeschlossen ist,

c) daß Beschädigungen von Personen oder des Bahneigentums durch den elektrischen Strom nicht eintreten können,

d) daß ihre Ausbesserung oder Ersatz ohne Störung des Eisenbahnbetriebes geschehen kann,

e) daß sie den Vorschriften des Verbandes Deutscher Elektrotechniker für die Errichtung elektrischer Starkstromanlagen entsprechen,

f) daß sie den von der zuständigen Eisenbahn- und Postverwaltung erlassenen Vorschriften über den Schutz ihrer Anlagen entsprechen.

§ 2. Besondere Vorschriften.

A. Oberirdische Kreuzungen.

1. Anordnung der Leitungsanlage.

Das lichte Raumprofil einschließlich der in § 11 der Eisenbahn-Bau- und Betriebsordnung frei zu haltenden Spielräume darf durch das Gestänge oder die Drähte u. dgl. nicht beeinträchtigt werden. Bei Kreuzungen darf, wenn die Starkstromanlage Hochspannung führt, und wenn zwischen ihr und den auf Bahngebiet befindlichen Leitungen keine geerdeten Schutznetze vorhanden sind, der Abstand der Konstruktionsteile der Starkstromanlage von den auf Bahngebiet befindlichen Leitungen in senkrechter Richtung nicht weniger als 2 m, bei Hochspannungsanlagen, wenn geerdete Schutzvorrichtungen angebracht sind, sowie bei Niederspannungsanlagen derselbe Abstand nicht weniger als 1 m, der Abstand in wagerechter Richtung dagegen in allen Fällen nicht weniger als $1^1/_4$ m betragen. Bei Niederspannung können in besonderen Fällen Ermäßigungen des wagerechten Abstandes zugelassen werden. Hierbei darf die Entfernung von Schienenoberkante bis zum kreuzenden Konstruktionsteil nicht weniger als 7 m betragen.

2. Beanspruchung und Spannweite der Leitungsanlage.

Zur Erhöhung der Sicherheit sind bei Überführungen geringe Spannweiten anzustreben.

3. Beschaffenheit der Tragkonstruktionen.

Zur Erzielung möglichst sicherer Bauart sind für die beiderseits der Bahnlinie stehenden Tragkonstruktionen so starke Eisenmaste zu verwenden, daß auch bei Leitungsbruch ein gefahrbringendes Nachgeben des Gestänges ausgeschlossen ist, und zwar ist der Berechnung der Maste sowie der Querträger und Isolatorstützen selbst unter der Annahme des Bruchs aller Leitungen in einem benachbarten Leitungsfeld und bei ungünstigem Winddruck (125 kg pro Quadratmeter senkrecht getroffene Fläche) mindestens fünffache Sicherheit gegen Bruch zugrunde zu legen, wobei etwaige Verankerungen unberücksichtigt bleiben.

4. Aufstellung der Tragkonstruktionen.

Die beiderseitigen Überführungsmaste müssen einbetoniert werden oder ein Fundamentmauerwerk erhalten.

Sie sind gemäß den Vorschriften des Verbandes Deutscher Elektrotechniker für die Errichtung elektrischer Starkstromanlagen zu erden.

5. Beschaffenheit der Leitungen.

a) Die überspannende Leitungsstrecke ist in der Weise auszubauen, daß das Kreuzungsfeld für sich allein die nötige Festigkeit aufweist. Außerdem ist denjenigen Gefährdungen der Festigkeit der Leitung Rechnung zu tragen, die durch Stromwirkungen beim Bruch von Isolatoren oder dergleichen eintreten.

b) Im Kreuzungsfeld sind nur Drahtseile zu verwenden.

c) Diese müssen mindestens 1400 kg absolute Bruchfestigkeit aufweisen und unabhängig von dem verwendeten Material mindestens 35 qmm Querschnitt haben.

d) Löt- und Verbindungsstellen sind im Kreuzungsfelde nicht zulässig.

e) Der Durchhang der Leitung im Kreuzungsfelde ist so zu bemessen, daß mindestens eine 10fache Sicherheit gegen Bruch bei —20° C vorhanden ist.

f) Wird die Sicherheit der Leitungsführung dadurch erreicht, daß die Leitungen in kurzen Abständen auf Isolatoren befestigt sind, die von einem die Überführungsmaste verbindenden Gitterträger getragen werden, so erübrigen sich die Bestimmungen b bis einschließlich e.

B. Unterirdische Kreuzungen.

1. Verlegung der Kabel.

Die Verlegung unterirdischer Kabel hat, soweit dieselben unter Geleisen liegen, in drucksicheren Röhren aus hartgebranntem Ton, Zement oder Eisen oder in gemauerten Kanälen zu erfolgen.

2. Tiefe der Verlegung unter der Erdoberfläche.

Die Oberkante des Rohres oder Kanales soll mindestens 1 m unter Schienenunterkante bzw. Erdoberfläche liegen, so daß weder die Bahnunterhaltungsarbeiten durch die Unterführung beeinträchtigt, noch die Unterführungsanlage selbst durch diese Arbeiten beschädigt werden können.

C. Näherungen von Starkstromleitungen an Eisenbahnanlagen und an bahneigene Schwachstromleitungen.

a) In der Nähe der Eisenbahnanlagen müssen Maste entweder mindestens in eine Entfernung gleich einer Mastlänge über dem Boden plus 3 m, von der Gleismitte abgerückt werden, oder es müssen Eisenmaste von ausreichender Standfestigkeit verwendet, oder die Maste müssen derart verankert oder verstrebt werden, daß sie bei Umbruch am Fußpunkte nicht nach der Bahnseite fallen können.

b) An denjenigen Stellen, an welchen die Starkstromleitungen neben den Schwachstromleitungen verlaufen, und der Abstand der Starkstrom- und Schwachstromdrähte voneinander weniger als 10 m beträgt, müssen Vorkehrungen getroffen sein, durch welche eine Berührung der Starkstrom- und Schwachstromleitungen sicher verhütet wird. Bei der Ausführung von Niederspannungsanlagen kann als Schutzmittel isolierter Draht verwendet werden. Von der Anbringung besonderer Schutzvorrichtungen kann abgesehen werden, wenn die örtlichen Verhältnisse eine Berührung der Starkstrom- und Schwachstromleitungen auch beim Umbruch von Stangen oder beim Herabfallen von Drähten ausschließen, oder wenn die Leitungsanlage durch entsprechende Verstärkung, Verankerung oder Verstrebung des Gestänges oder Befestigung an Häusern vor Umsturz geschützt ist. Als hinreichende Sicherheit gegen die durch Leitungsbruch verursachte Berührungsgefahr der beiden Leitungen gilt — soweit nicht besondere Verhältnisse vorliegen — ein Horizontalabstand von 7 m zwischen beiden Leitungen, wenn innerhalb der Annäherungsstrecke die Spannweite in jeder der beiden Linien auf höchstens 30 m festgesetzt wird.

c) Die unterirdischen Starkstromleitungen müssen tunlichst entfernt von den Telegraphen- und Fernsprechkabeln verlaufen.

d) Wo die beiderseitigen Kabel sich kreuzen oder nebeneinander in einem seitlichen Abstande von weniger als 0,3 m verlaufen, müssen die Starkstromkabel auf der den Schwachstromkabeln zugekehrten Seite mit Halbmuffen aus Zement oder gleichwertigem feuerbeständigem Material von wenigstens 0,06 m Wandstärke versehen sein. Die Muffen müssen 0,30 m zu beiden Seiten der gekreuzten Schwachstromkabel bei seitlichen Annäherungen ebenso weit über den Anfangs- und Endpunkt der gefährdeten Strecke hinausragen. Liegen bei Kreuzungen oder bei seitlichen Abständen der Kabel von weniger als 0,30 m die Starkstromkabel tiefer als die Schwachstromkabel, so müssen letztere zur Sicherung gegen mechanische Angriffe mit zweiteiligen eisernen Rohren bekleidet sein, die über die Kreuzungs- und Näherungsstelle nach jeder Seite hin 1 m hinausragen. Besonderer Schutzvorrichtungen bedarf es nicht, wenn die Starkstrom- oder die Schwachstromkabel sich in gemauerten oder in Zement- oder dergleichen Kanälen von wenigstens 0,06 m Wandstärke befinden.

§ 3. Bestimmungen über die Bauausführung.

1. Pläne zum Genehmigungsgesuch.

Vor der Bauausführung der auf Bahngebiet geplanten Starkstromanlage sind den zuständigen Behörden genaue Lagepläne für die Leitungsführung und Konstruktionspläne der zugehörigen Anlageteile (Maste, Erdungsbügel u. dgl.) in der verlangten Anzahl von Ausfertigungen zur Genehmigung vorzulegen.

2. **Benachrichtigung von der Inangriffnahme und Beaufsichtigung der Arbeiten.**

Vor dem beabsichtigten Beginne der Arbeiten sind die zuständigen Behörden rechtzeitig zu benachrichtigen. Die Ausführung aller auf Bahngrund infolge der Anlage der Starkstromleitungen erforderlichen Arbeiten geschieht unter Aufsicht der Eisenbahnverwaltung. Für sachgemäße Ausführung der Einzelheiten der Ausführung ist der Unternehmer allein verantwortlich.

3. **Vermehrung der Unterhaltungskosten.**

Der Besitzer der Starkstromanlage hat für die etwaige Vermehrung der Unterhaltungskosten der Bahnanlagen aufzukommen, die durch die Errichtung der Starkstromleitung entstehen.

§ 4. Verbesserung unzulänglicher Einrichtungen.

1. Erweisen sich bei der Ausführung der Starkstromanlage auf bahneigenem Gelände getroffene Einrichtungen nach Entscheid der Eisenbahnverwaltung als unzulänglich, so hat der Unternehmer diese auf seine Kosten zu verbessern oder durch andere zweckdienlichere zu ersetzn.

2. Die Eisenbahnverwaltung ist berechtigt, die erforderlichen Maßregeln zur Beseitigung von Unzuträglichkeiten auf Kosten des Unternehmers selbst zu treffen, falls letzterer innerhalb einer von der Eisenbahnverwaltung festgesetzten Frist dieser Verpflichtung nicht nachkommt.

§ 5. Betriebseinstellung der Starkstromanlage.

Fehler — d. h. ein schadhafter Zustand in der Starkstromanlage —, durch welche der Bestand der Schwachstromanlagen oder die Sicherheit des Bedienungspersonals gefährdet werden könnte, oder welche zu Störungen des Telegraphen- oder Fernsprechbetriebes Anlaß geben, sind ohne Verzug zu beseitigen.

Außerdem kann in Fällen dringender Gefahr die Einstellung des Betriebes der Starkstromanlage im Wirkungsbereich der Fehler bis zu deren Beseitigung gefordert werden.

§ 6. Abänderung der Anlagen der Eisenbahnverwaltung.

Etwa durch Änderungen der Anlagen der Bahnverwaltung nach deren Entscheidung erforderliche Abänderungen seiner auf Bahngebiet befindlichen Starkstromanlage hat der Unternehmer auf seine Kosten zu bewirken. Anderseits hat er die Kosten für Vornahme von Änderungen zu tragen, die die Eisenbahnverwaltung wegen seiner auf bahneigenem Gelände befindlichen Starkstromanlage an ihren Einrichtungen vornehmen muß.

§ 7. Abänderung der Starkstromanlage.

Zur Ausführung der Unterhaltungsarbeiten und von Änderungen des auf bahneigenem Gelände liegenden Teiles der Starkstromleitungen nebst Zubehör hat der Unternehmer die Genehmigung der Behörde einzuholen.

§ 8. Haftbarkeit des Unternehmers der Starkstromanlage.

Bezüglich der Haftpflicht für Unfälle und Schäden, welche auf dem Gebiete der Eisenbahnverwaltung infolge der daselbst vorhandenen Starkstromleitungen nebst Zubehör eintreten, bewendet es bei den gesetzlichen Bestimmungen mit der Maßgabe, daß der Unternehmer für alle in seinem Auftrage tätigen Personen die Haftpflicht übernimmt, soweit nicht die Eisenbahnverwaltung oder deren Organe ein Verschulden trifft.

§ 9. Beseitigung der Starkstromanlage.

Im Falle der Beseitigung ausgeführter Starkstromanlagen hat der Unternehmer die Kosten der Instandsetzung der Bahnanlagen zu tragen. Über den Umfang der Instandsetzungsarbeiten und deren Ausführungsart entscheidet die Eisenbahnverwaltung.

Im Anschluß an Vorstehendes sind anzufügen:

Allgemeine Vorschriften für die Ausführung und den Betrieb neuer elektrischer Starkstromanlagen (ausschließlich der elektrischen Bahnen) bei Kreuzungen und Näherungen von Telegraphen- und Fernsprechleitungen.

Gültig ab 1. Juli 1908.

1. Für die mit elektrischen Starkströmen zu betreibenden Anlagen müssen die Hin- und Rückleitungen durch besondere Leitungen gebildet sein. Die Erde darf als Rückleitung nicht benutzt oder mitbenutzt werden. Auch dürfen in Dreileiteranlagen die blank in die Erde verlegten oder mit der Erde verbundenen Mittelleiter Verbindungen mit den Gas- oder Wasserleitungsnetzen nicht haben, wenn die vorhandenen Telegraphen- oder Fernsprechleitungen mit diesen Netzen verbunden sind.

2. Oberirdische Hin- und Rückleitungen müssen überall in tunlichst gleichem, und zwar in so geringem Abstande voneinander verlaufen, als dies die Rücksicht auf die Sicherheit des Betriebes zuläßt.

3. An den oberirdischen Kreuzungsstellen der Starkstromleitungen mit den Telegraphen- und Fernsprechleitungen müssen Schutzvorrichtungen angebracht sein, durch welche eine Berührung der beiderseitigen Drähte verhindert bzw. unschädlich gemacht wird.

Bei Niederspannung ist es zulässig, wenn zur Verhinderung von Stromübergängen in die Schwachstromleitungen die Starkstromleitungen auf eine ausreichende Strecke — mindestens in dem in Betracht kommenden Stützpunktszwischenraum — aus isoliertem Drahte hergestellt sind, oder wenn bei Verwendung blanken Drahtes eine Berührung der beiderseitigen Drähte durch geeignete Schutzvorrichtungen verhindert oder unschädlich gemacht wird. Bei der Ausführung von Hochspannungsanlagen ist danach zu streben, daß die Starkstromleitung oberhalb der Schwachstromleitung über letztere hinweggeführt wird. In diesem Falle wird, wenn nicht besondere Verhältnisse vorliegen, als geeignete Schutzmaßnahme ein solcher Ausbau der Starkstromanlage angesehen, daß vermöge ihrer eigenen Festigkeit ein Bruch oder ein die Schwachstromleitung gefährdendes Nachgeben der Starkstromleitungen oder ihrer Gestänge im Kreuzungsfeld auch beim Bruch sämtlicher Leitungsdrähte in den benachbarten Feldern ausgeschlossen ist. Außerdem ist denjenigen Gefährdungen der Festigkeit der Leitungen Rechnung zu tragen, die durch Stromwirkungen beim Bruch von Isolatoren oder dergleichen eintreten.

Liegt die Starkstromleitung unterhalb der Schwachstromleitung, so können als geeignete Maßnahmen z. B. Schutzdrähte gelten, die parallel mit den Starkstromleitungen oberhalb und seitlich von ihnen angeordnet und von denen die oberen durch Querdrähte verbunden sind, während die seitlichen Drähte das Umschlingen der Starkstromleitungen verhindern sollen. Diese Schutzdrähte müssen möglichst gut geerdet sein.

4. Die Kreuzungen der Starkstromdrähte mit Telegraphen- und Fernsprechleitungen müssen tunlichst im rechten Winkel ausgeführt sein.

5. An denjenigen Stellen, an welchen die Starkstromleitungen neben den Schwachstromleitungen verlaufen, und der Abstand der Starkstrom- und Schwachstromdrähte voneinander weniger als 10 m beträgt, müssen Vorkehrungen getroffen sein, durch welche eine Berührung der Starkstrom- und Schwachstromleitungen sicher verhütet wird. Bei der Ausführung von Niederspannungsanlagen kann als Schutzmittel isolierter Draht verwendet werden. Von der Anbringung besonderer Schutzvorrichtungen kann abgesehen werden, wenn die örtlichen Verhältnisse eine Berührung der Starkstrom- und Schwachstromleitungen auch beim Umbruch von Stangen oder beim Herabfallen von Drähten ausschließen, oder wenn die Leitungsanlage durch ent-

sprechende Verstärkung, Verankerung oder Verstrebung des Gestänges oder Befestigung an Häusern vor Umsturz geschützt ist. Gegen die durch Leitungsbruch verursachte Berührungsgefahr der beiden Leitungen gilt — soweit nicht besondere Verhältnisse vorliegen — ein Horizontalabstand von 7 m zwischen beiden Leitungen als hinreichende Sicherheit, wenn innerhalb der Annäherungsstrecke die Spannweite in jeder der beiden Linien 30 m nicht überschreitet.

6. Bei Kreuzungen darf, wenn die Starkstromanlage Hochspannung führt, und wenn zwischen ihr und den Schwachstromleitungen keine geerdeten Schutznetze vorhanden sind, der Abstand der Konstruktionsteile der Starkstromanlage von den Schwachstromleitungen in senkrechter Richtung nicht weniger als 2 m bei Hochspannungsanlagen, wenn geerdete Schutzvorrichtungen angebracht sind, sowie bei Niederspannungsanlagen derselbe Abstand nicht weniger als 1 m, der Abstand wagerechter Richtung dagegen in allen Fällen nicht weniger als 1,25 m betragen. Bei Niederspannung können in besonderen Fällen Ermäßigungen des wagerechten Abstandes zugelassen werden.

7. Der Abstand der Konstruktionsteile oberirdischer Starkstromanlagen (Stangen, Streben, Anker, Erdleitungsdrähte usw.) von Telegraphen- und Fernsprechkabeln soll möglichst groß sein und mindestens 0,8 m betragen. In Ausnahmefällen kann eine Annäherung bis auf 0,25 m zugelassen werden; alsdann müssen die Telegraphen- und Fernsprechkabel mit eisernen Röhren umkleidet sein.

8. Die Starkstromkabel müssen tunlichst entfernt, jedenfalls in einem seitlichen Abstande von mindestens 0,8 m von den Konstruktionsteilen der oberirdischen Telegraphen- und Fernsprechlinien (Stangen, Streben, Ankern usw.) verlegt sein. Wenn sich dieser Mindestabstand ausnahmsweise in einzelnen Fällen nicht hat innehalten lassen, so müssen die Kabel in eiserne Rohre eingezogen sein, die nach beiden Seiten über die gefährdete Stelle um mindestens 0,25 m hinausragen. Die Rohre müssen gegen mechanische Angriffe bei Ausführung von Bauarbeiten an den Telegraphen- und Fernsprechlinien genügend widerstandsfähig sein. Auf weniger als 0,25 m Abstand darf das Kabel den Konstruktionsteilen der Telegraphen- und Fernsprechlinien in keinem

Falle genähert werden. Über die Lage der verlegten Kabel hat der Unternehmer der Oberpostdirektion einen genauen Plan vorzulegen.

9. Die unterirdischen Starkstromleitungen müssen tunlichst entfernt von den Telegraphen- und Fernsprechkabeln, womöglich auf der anderen Straßenseite verlaufen.

Wo die beiderseitigen Kabel sich kreuzen oder in einem seitlichen Abstande von weniger als 0,3 m nebeneinander verlaufen, müssen die Starkstromkabel auf der den Schwachstromkabeln zugekehrten Seite mit Halbmuffen aus Zement oder gleichwertigem feuerbeständigem Material von wenigstens 0,06 m Wandstärke versehen sein. Die Muffen müssen 0,3 m zu beiden Seiten der gekreuzten Schwachstromkabel, bei seitlichen Annäherungen ebenso weit über den Anfangs- und Endpunkt der gefährdeten Strecke hinausragen. Liegen bei Kreuzungen oder bei seitlichen Abständen der Kabel von weniger als 0,3 m die Starkstromkabel tiefer als die Schwachstromkabel, so müssen letztere zur Sicherung gegen mechanische Angriffe mit zweiteiligen eisernen Rohren bekleidet sein, die über die Kreuzungs- und Näherungsstelle nach jeder Seite hin 1 m hinausragen. Besonderer Schutzvorrichtungen bedarf es nicht, wenn die Starkstrom- oder die Schwachstromkabel sich in gemauerten oder in Zement- oder dergleichen Kanälen von wenigstens 0,06 m Wandstärke befinden.

10. Zur Sicherung der Telegraphen- und Fernsprechleitungen gegen mittelbare Gefährdung durch Hochspannung müssen Schutzvorkehrungen getroffen sein, durch die der Übertritt hochgespannter Ströme in dritte, mit den Telegraphen- und Fernsprechleitungen an anderen Stellen zusammentreffende Anlagen oder das Entstehen von Hochspannung in diesen Anlagen verhindert oder unschädlich gemacht wird (vgl. Vorschriften für die Errichtung elektrischer Starkstromanlagen vom 1. Januar 1908 § 4, sowie § 22 h und i, Satz 1).

11. Innerhalb der Gebäude müssen die Starkstromleitungen tunlichst entfernt von den Telegraphen- und Fernsprechleitungen angeordnet sein.

Sind Kreuzungen oder Annäherungen bei festverlegten Leitungen an derselben Wand nicht zu vermeiden, so müssen die Starkstromleitungen so angeordnet sein, oder es müssen solche Vorkehrungen getroffen sein, daß eine Berührung der beiderseitigen Leitungen ausgeschlossen ist.

12. Alle Schutzvorrichtungen sind dauernd in gutem Zustande zu erhalten.

13. Von beabsichtigten Aufgrabungen in Straßen mit unterirdischen Telegraphen- oder Fernsprechkabeln ist der zuständigen Post- oder Telegraphenbehörde beizeiten, wenn möglich vor dem Beginne der Arbeiten schriftlich Nachricht zu geben.

14. Fehler — d. h. ein schadhafter Zustand — in der Starkstromanlage, durch welche der Bestand der Telegraphen- und Fernsprechanlagen oder die Sicherheit des Bedienungspersonals gefährdet werden könnte, oder welche zu Störungen des Telegraphen- oder Fernsprechbetriebes Anlaß geben, sind ohne Verzug zu beseitigen. Außerdem kann in dringenden Fällen die Abschaltung der fehlerhaften Teile der Starkstromanlage bis zur Beseitigung der Ursache der Gefahr oder Störung gefordert werden.

15. Vor dem Vorhandensein der vorgeschriebenen Schutzvorrichtungen und vor Ausführung der etwa notwendigen Änderungen an den Telegraphen- und Fernsprechleitungen darf das Leitungsnetz auch für Probebetrieb oder sonstige Versuche nicht unter Strom gesetzt werden. Von der beabsichtigten Unterstromsetzung ist der Telegraphenverwaltung mindestens drei freie Wochentage vorher schriftlich Mitteilung zu machen. Von der Innehaltung dieser Frist kann nach vorheriger Vereinbarung mit der zuständigen Post- oder Telegraphenbehörde abgesehen werden.

16. Falls die gewählte Anordnung[1]) oder die vor-

---

[1]) § 12 des Gesetzes über das Telegraphenwesen des Deutschen Reiches vom 6. April 1892 lautet:

Elektrische Anlagen sind, wenn eine Störung des Betriebes der einen Leitung durch die andere eingetreten oder zu befürchten ist, auf Kosten desjenigen Teiles, welcher durch eine spätere Anlage oder durch eine später eintretende Änderung seiner bestehenden Anlage diese Störung oder die Gefahr derselben veranlaßt, nach Möglichkeit so auszuführen, daß sie sich nicht störend beeinflussen.

§ 6 des Telegraphenwegegesetzes vom 18. Dezember 1899 lautet:

Spätere besondere Anlagen sind nach Möglichkeit so auszuführen, daß sie die vorhandenen Telegraphenlinien nicht störend beeinflussen.

Dem Verlangen der Verlegung oder Veränderung einer Telegraphenlinie muß auf Kosten der Telegraphenverwaltung stattgegeben werden, wenn sonst die Her-

gesehenen Schutzmaßregeln nicht ausreichen, um Gefahren für den Bestand (die Substanz) der Telegraphen- oder Fernsprechanlagen und für die Sicherheit des Bedienungspersonals oder Störungen für den Betrieb der Telegraphen- und Fernsprechleitungen fernzuhalten, sind im Einvernehmen mit der Telegraphenverwaltung weitere Maßnahmen zu treffen, bis die Beseitigung der Gefahren oder der störenden Einflüsse erfolgt ist.

17. Von geplanten wesentlichen Veränderungen oder von beabsichtigten wesentlichen Erweiterungen der Starkstromanlage, soweit diese Veränderungen oder Erweiterungen die Punkte 1 bis 10 und 12 bis 16 berühren, hat der Unternehmer behufs Feststellung der weiter etwa erforderlichen Schutzmaßnahmen der Telegraphenverwaltung Anzeige zu erstatten.

18. Wegen Tragung der Kosten für die durch die Starkstromanlage bedingten Änderungen an den Telegraphen- und Fernsprechleitungen sowie für Herstellung und Unterhaltung der Schutzvorkehrungen, an der Starkstromanlage oder an den Telegraphen- und Fernsprechleitungen gelten die gesetzlichen Bestimmungen.

---

stellung einer späteren besonderen Anlage unterbleiben müßte oder wesentlich erschwert werden würde, welche aus Gründen des öffentlichen Interesses, insbesondere aus volkswirtschaftlichen oder Verkehrsrücksichten von den Wegeunterhaltungspflichtigen oder unter überwiegender Beteiligung eines oder mehrerer derselben zur Ausführung gebracht werden soll. Die Verlegung einer nicht lediglich dem Orts-, Vororts- oder Nachbarortsverkehr dienenden Telegraphenlinie kann nur dann verlangt werden, wenn die Telegraphenlinie ohne Aufwendung unverhältnismäßig hoher Kosten anderweitig ihrem Zwecke entsprechend untergebracht werden kann.

Muß wegen einer solchen späteren besonderen Anlage die schon vorhandene Telegraphenlinie mit Schutzvorkehrungen versehen werden, so sind die dadurch entstehenden Kosten von der Telegraphenverwaltung zu tragen.

Überläßt ein Wegeunterhaltungspflichtiger seinen Anteil einem nicht unterhaltungspflichtigen Dritten, so sind der Telegraphenverwaltung die durch die Verlegung oder Veränderung oder durch die Herstellung der Schutzvorkehrungen erwachsenden Kosten, soweit sie auf dessen Anteil fallen, zu erstatten.

Die Unternehmer anderer als der in Abs. 2 bezeichneten besonderen Anlagen haben die aus der Verlegung oder Veränderung der vorhandenen Telegraphenlinien oder an der Herstellung der erforderlichen Schutzvorkehrungen an solchen erwachsenden Kosten zu tragen.

Auf spätere Änderungen vorhandener besonderer Anlagen finden die Vorschriften der Abs. 1 bis 5 entsprechende Anwendung.

Vorschriften für die Konstruktion und Prüfung von Installationsmaterial.[1]

(Dosen-Aus- und -Umschalter, Hebelschalter, Glühlampenfassungen mit und ohne Hahn, Schmelzsicherungen, Steckvorrichtungen.)

Der alte Wortlaut auf Seite 109—116 ist zu ersetzen durch nachstehenden, vom 1. Juli 1909 ab gültigen.

A. Allgemeine Bestimmungen.

§ 1.

Die nachstehenden Vorschriften finden Anwendung auf Installationsmaterial, welches bei normaler Verwendung einer Spannung bis zu 500 Volt gegen Erde ausgesetzt ist, soweit nicht andere Bedingungen besonders angegeben oder vereinbart sind.

§ 2.

Als feuersicher gilt ein Gegenstand, der in seiner Verwendungsform entweder nicht entzündet werden kann, oder nach Entzündung nicht von selbst weiterbrennt und bei 175° C keine Formveränderung erleidet.

§ 3.

Ortsfeste Apparate müssen so konstruiert sein, daß der Anschluß an die Leitung durch Schraubkontakt bewirkt wird.

§ 4.

Sämtliche Schrauben, welche Kontakte vermitteln, müssen ihr Muttergewinde in Metall haben.

§ 5.

Bei Bezeichnungen auf Apparaten gelten ...... A als Abkürzung für den Nennstrom, ... V als Abkürzung für die Höchstspannung.

---

[1] Erläuterungen hierzu siehe ETZ 1908 S. 493.

B. Dosen-Aus- und -Umschalter.

§ 6.

Die stromführenden Teile müssen auf feuersicherer Unterlage montiert sein, die nicht hygroskopisch ist.

§ 7.

Der Berührung zugängliche Gehäuse und Griffe müssen, sofern sie nicht für Erdung eingerichtet sind, aus Isoliermaterial bestehen. Die Achse muß von den stromführenden Teilen isoliert sein.

§ 8.

Die Kontakte sollen Schleifkontakte sein.

§ 9.

Dient der Griff des Schalters zugleich zur Befestigung der Kappe auf dem Sockel, so muß er derart auf seiner Achse befestigt sein, daß er sich beim Rückwärtsdrehen nicht ohne weiteres abschrauben läßt.

§ 10.

Der Nennstrom und die Höchstspannung sind so zu vermerken, daß sie in montiertem Zustande bei abgenommener Kappe leicht zu erkennen sind. Die Angaben können auf dem festen Teil des Schalters gemacht werden. Für die Bezeichnung auf dem Sockel im Innern ist Gummistempel zulässig.

§ 11.

Die Abstufungen der Nennstromstärken sollen sein: 4, 6, 10, 20, 35, 60 Ampere.

Für Wechselschalter und Umschalter gilt auch 2 Ampere als normal.

§ 12.

Als normale Höchstspannungen gelten 250 Volt und 500 Volt.

§ 13.

Der Schalter muß in eingeschalteter Stellung gegen die Befestigungsschrauben, gegen eine am Griff angebrachte Stanniolumwicklung und gegen das Gehäuse, ferner in ausgeschalteter Stellung zwischen seinen Klemmen eine Überspannung von 1000 Volt Wechselstrom über die auf ihm vermerkte Höchstspannung 5 Minuten lang aushalten.

§ 14.

Die Kontaktteile der Schalter dürfen nach einstündiger Belastung bei geschlossenem Gehäuse keine übermäßige Temperatur annehmen. Als Belastung für diesen Versuch gilt bei Schaltern bis 10 Amp. das 1,5 fache und bei Schaltern über 10 Amp. das 1,25 fache des Nennstromes.

Die Temperatur gilt als übermäßig, wenn an irgendeiner Stelle ein Kügelchen reinen Bienenwachses, welches vor dem Versuch angelegt wurde, nach Beendigung desselben zerschmolzen ist.

§ 15.

Um die mechanische Haltbarkeit des Schalters zu prüfen, wird er absatzweise, aber ohne Strom zu führen, 5000 mal eingeschaltet und 5000 mal ausgeschaltet bei 700 bis 800 Ein- und Ausschaltungen pro Stunde. Schmierung vor dem Versuch ist zulässig. Nach Beendigung dieses Versuches muß der Schalter für den in § 16 vorgeschriebenen Versuch noch brauchbar sein.

§ 16.

Um festzustellen, daß bei rasch wiederholtem Gebrauch des Schalters sich kein dauernder Lichtbogen bildet, ist der Schalter bei der auf ihm verzeichneten Höchstspannung und einer Stromstärke, welche um den in der Tabelle angegebenen Prozentsatz höher ist als der Nennstrom, bei induktionsfreier Belastung und geschlossenem Gehäuse in Tätigkeit zu setzen.

Die Versuchsdauer ist 3 Minuten und in dieser Zeit ist die in nachstehender Tabelle angegebene Zahl von Stromunterbrechungen vorzunehmen.

Größe des Schalters, Ampere	bis 10	20 bis 35	bis 60
Die Nennstromstärke ist zu steigern um %	30	25	20
Zahl der Ausschaltungen in 3 Minuten	90	60	30

C. Hebelschalter.

§ 17.

Die stromführenden Teile müssen auf feuersicherer Unterlage montiert sein, die nicht hygroskopisch ist.

§ 18.

Der Nennstrom und die Höchstspannung sind auf dem Schalter zu vermerken. Bei verdeckten Schaltern müssen die Bezeichnungen entweder von außen sichtbar oder auf der Abdeckung (Gehäuse) nochmals angebracht sein.

§ 19.

Die Abstufungen der Nennstromstärken sollen sein: 10, 20, 35, 60 Ampere.

Für die höheren Stromstärken werden bestimmte Abstufungen nicht festgesetzt.

§ 20.

Als normale Höchstspannungen gelten 250 Volt und 500 Volt.

§ 21.

Der Schalter muß in eingeschalteter Stellung gegen die Befestigungsschrauben, gegen eine am Griff angebrachte Stanniolumwicklung, ferner in ausgeschalteter Stellung zwischen seinen Klemmen eine Überspannung von 1000 Volt über die auf ihm vermerkte Höchstspannung 5 Minuten lang aushalten.

§ 22.

Die Metallkontakte sind so zu bemessen, daß bei Nennstrom eine Übertemperatur von 50^0 C nicht überschritten wird.

D. Glühlampenfassungen mit und ohne Hahn.

§ 23.

Die stromführenden Teile müssen auf feuersicherer Unterlage montiert und durch feuersichere Umhüllung, die jedoch nicht unter Spannung gegen Erde stehen darf, vor Berührung geschützt sein.

Isoliermaterialien, die brennbar oder hygroskopisch sind oder bei einer Temperatur von 175^0 eine Formveränderung erleiden, dürfen im Innern der Fassung nicht verwendet werden.

§ 24.

Als normale Höchstspannungen gelten 250 Volt und 500 Volt.

§ 25.

Fassungen für Spannungen über 250 Volt dürfen keinen Hahn haben.

§ 26.

Die Hähne müssen Momentschalter sein. Der Griff des Hahnes muß, wenn ausgeschaltet, rechtwinklig zur Mittellinie der Fassung stehen.

§ 27.

Hahnfassungen müssen so konstruiert sein, daß eine Berührung zwischen beweglichen Teilen des Schalters und den Zuleitungsdrähten ausgeschlossen ist. Der Griff darf nicht aus Metall bestehen. Die Achse muß von den stromführenden Teilen und von der Umhüllung isoliert sein.

§ 28.

Die Fassung muß, in eingeschalteter Stellung, eine Spannung von 1000 Volt Wechselstrom 5 Minuten lang aushalten, und zwar

a) zwischen den einzelnen Kontakten,
b) zwischen jedem Spannung führenden Kontakt und dem Gehäuse,
c) zwischen jedem Spannung führenden Kontakt und einer Stanniolumhüllung um den Griff,
d) zwischen den Kontakten des Hahnes in ausgeschalteter Stellung.

§ 29.

Um die allgemeine Gebrauchsfähigkeit der Hahnfassung zu prüfen, wird ein induktionsfreier Widerstand von 150 Ohm angeschlossen und bei 250 Volt in 3 Minuten 90 mal ein- und 90 mal ausgeschaltet.

E. Schmelzsicherungen.

§ 30.

Die stromführenden Teile von Sockel und Einsatz müssen auf feuersicherer Unterlage montiert sein, die nicht hygroskopisch ist, und bei der höchsten im Betrieb erreichbaren Temperatur eine Veränderung nicht erleidet.

Unter der „höchsten im Betriebe erreichbaren Temperatur" soll dabei diejenige Temperatur verstanden werden, welche der Sockel annimmt, wenn der stärkste Schmelzeinsatz des betreffenden Modelles unter den ungünstigsten Abkühlungsverhältnissen dauernd mit Grenzstrom belastet wird.

§ 31.

Die Einsätze müssen für eine Höchstspannung von 250 Volt oder 500 Volt gebaut sein; Nennstrom und Höchstspannung sind auf dem Einsatz zu verzeichnen.

§ 32.

Die Abstufungen der Nennstromstärken sollen sein: 6, 10, 15, 20, 25, 35, 60 Ampere. Für die höheren Stromstärken werden bestimmte Abstufungen nicht festgesetzt.

§ 33.

Schmelzsicherungen sollen eine Überlastung von mindestens 25 % über den Nennstrom dauernd aushalten.

Bei Sicherungen mit eingeschlossenen Schmelzeinsätzen für Stromstärken bis 60 Amp. soll das Verhältnis von Nennstrom zu Grenzstrom sein:

bei einem Nennstrom . . . . bis 10 Amp. 0,5 bis 0,65
„   „   „   von 15 „ 25 „ 0,6 „ 0,70
„   „   „   „ 35 „ 60 „ 0,65 „ 0,75

§ 34.

Die Einsätze müssen so gebaut sein, daß entstehende Metalldämpfe keinen Kurzschluß herbeiführen können.

§ 35.

Der Berührung zugängliche Metallteile des Sockels und des Einsatzes müssen von unter Spannung stehenden Teilen isoliert sein.

§ 36.

Die Sicherung muß bei eingesetztem Einsatz gegen die Befestigungsschrauben und gegen die der Berührung zugänglichen Metallteile am Sockel und Einsatz, ferner nach herausgenommenem Einsatz zwischen den Kontakten eine Überspannung von 1000 Volt Wechselstrom über die Höchstspannung 5 Minuten lang aushalten.

§ 37.

Sicherungen mit eingeschlossenen Schmelzeinsätzen für Stromstärken bis 60 Ampere sind zu prüfen sowohl bei plötzlichem Kurzschluß (§ 38), als auch bei Dauerbelastung (§ 39 und 40).

§ 38.

Bei Sicherungen mit eingeschlossenen Schmelzeinsätzen für Stromstärken bis 60 Ampere gelten für die Prüfung bei Kurzschluß folgende Vorschriften:

1. Als Stromquelle dient ein Akkumulator, dessen EMK, gemessen als Klemmenspannung in unbelastetem Zustande, um 10 % höher sein muß, als die auf dem Einsatz der zu prüfenden Sicherung verzeichnete Höchstspannung (siehe § 31).

Die Parallelschaltung einer Dynamomaschine zur Akkumulatorenbatterie ist gestattet.

2. Für die Schaltung bei Vornahme der Kurzschlußprüfung ist nachstehendes Schema maßgebend:

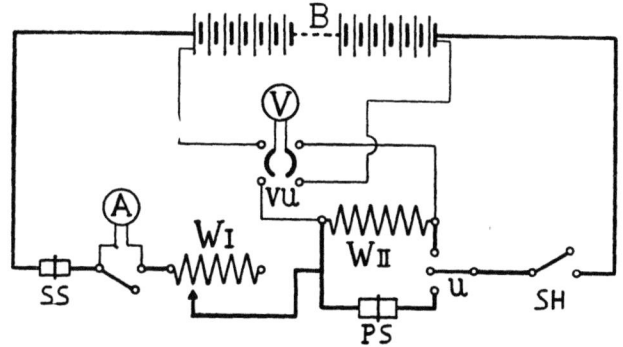

Hierin bedeutet:
B Akkumulator,
S S Schutzsicherung,

A Amperemeter für 500 Ampere mit Kurzschließung,
W_I Induktionsfreier veränderlicher Widerstand mit möglichst geringem Temperaturkoeffizienten,
W_{II} Unveränderlicher Ersatzwiderstand für eine Stromstärke von 500 Ampere,
PS zu prüfende Sicherung,
U Umschalthebel,
SH Schalthebel,
V Voltmeter,
VU Voltmeter-Umschalter.

Der Widerstand W_{II} muß bei Prüfung von Sicherungen für 250 Volt 0,5 Ohm, bei Prüfung von Sicherungen für 500 Volt 1 Ohm betragen.

3. Der Versuch hat in der Weise stattzufinden, daß bei offenem Stromkreise die EMK des Akkumulators auf die vorgeschriebene Höhe eingestellt wird, alsdann wird der Stromkreis geschlossen und mittels des regulierbaren Widerstandes die Stromstärke auf 500 Ampere gebracht.

Sind Stromquelle und Leitungswiderstand hiernach bemessen, so wird an Stelle des Ersatzwiderstandes die zu prüfende Sicherung eingeschaltet.

Beim Schließen des Schalters muß diese abschmelzen, ohne einen dauernden Lichtbogen oder Explosionserscheinungen hervorzurufen.

§ 39.

Sicherungen mit eingeschlossenen Schmelzeinsätzen für Stromstärken bis 60 Ampere sind gemäß folgender Tabelle auf Überlastungsfähigkeit zu prüfen:

Nennstrom Amp.	Minimaler Prüfstrom	Maximaler Prüfstrom
bis 10	$1,5 \times$ Nennstrom	$2,10 \times$ Nennstrom
15 bis 25	$1,4 \times$ Nennstrom	$1,75 \times$ Nennstrom
35 ,, 60	$1,3 \times$ Nennstrom	$1,60 \times$ Nennstrom

Den Minimalprüfstrom müssen die Sicherungen mindestens 4 Stunden aushalten, mit dem Maximalprüfstrom belastet müssen sie innerhalb 4 Stunden abschmelzen.

§ 40.

Sicherungen mit eingeschlossenen Schmelzeinsätzen für Stromstärken bis 60 Ampere müssen unter der auf ihnen verzeichneten Höchstspannung auch bei langsamer Steigerung der Stromstärke ordnungsmäßig abschmelzen.

F. Steckvorrichtungen.

§ 41.

Die stromführenden Teile müssen auf feuersicherer Unterlage montiert sein, die nicht hygroskopisch ist.

§ 42.

Der Berührung zugängliche Teile der Dosen und die Steckerkörper müssen, sofern sie nicht für Erdung eingerichtet sind, aus Isoliermaterial bestehen.

§ 43.

Der Nennstrom und die Höchstspannung müssen auf Dose und Stecker vermerkt sein.

§ 44.

Die Steckvorrichtungen müssen so gebaut sein, daß eine unbeabsichtigte Berührung spannungführender Metallteile der Dose vor Einbringen des Steckers verhindert wird.

§ 45.

Als normale Höchstspannungen gelten 250 Volt und 500 Volt.

§ 46.

Die Abstufungen der Nennstromstärken sollen sein: 6, 10, 20, 35, 60 Ampere.

§ 47.

Die Stecker müssen so konstruiert sein, daß sie nicht in Dosen für höhere Stromstärken eingesetzt werden können, und daß die Anschlußstellen der Leitungen von Zug entlastet werden können.

§ 48.

Sicherungen in den Dosen sind nach den Vorschriften der §§ 38, 39 und 40 zu prüfen. Sie brauchen jedoch diesen

Vorschriften nicht zu entsprechen, wenn sie durch eine zweite, den genannten Bedingungen entsprechende Sicherung von 6 Ampere oder darunter geschützt werden.

Der Kontakt der Sicherungen darf nicht durch weiches oder plastisches Material vermittelt werden, sondern es müssen die Schmelzeinsätze mit Backen aus Kupfer, Messing oder gleichartigem Metall versehen sein.

§ 49.

Die Steckvorrichtung muß bei eingesetztem Stecker eine Überspannung von 1000 Volt Wechselstrom über die Höchstspannung gegen die Befestigungsschrauben 5 Minuten lang aushalten und ebenso gegen eine am Steckerkörper angebrachte Stanniolumwicklung.

Bei ausgezogenem Stecker müssen die Kontakthülsen gegeneinander und ebenso die Kontaktstifte gegeneinander 1000 Volt Wechselstrom über die Höchstspannung 5 Minuten lang aushalten.

§ 50.

Steckvorrichtungen sind eine Stunde lang mit dem $1^1/_2$ fachen des Nennstromes zu belasten. Dabei dürfen sie nicht so heiß werden, daß unmittelbar nach Herausziehen an einem der Stifte reines Bienenwachs zum Schmelzen kommt.

Normalien für Stöpselsicherungen mit Edisongewinde.[1]

Der alte Wortlaut auf Seite 134 und 135 ist zu ersetzen durch nachstehenden, vom 1. Juli 1909 ab gültigen.

(Gültig für Stromstärken von 6 bis 25 Ampere.) Nachstehende Festsetzungen beziehen sich nur auf Stöpselsicherungen mit Edisongewinde, bei denen die Unverwechselbarkeit durch Höhenunterschiede erreicht wird. Das Gewinde entspricht in seinen radialen Abmessungen den Normalien für Lampenfüße und Fassungen mit Edisongewindekontakt.

Die Maße für die Unverwechselbarkeit müssen den Werten der folgenden Tabelle entsprechen:

Stromstärke Amp.	6	10	15	20	25	Größte zulässige Abweichung
Idealmaß	27	25	23	21	19	
Sollmaß der Stöpsellänge . L	27,35	25,35	23,35	21,35	19,35	±0,15
Sollmaß der Sockeltiefe . T	30,65	30,65	30,65	30,65	30,65	±0,15
Sollmaß der Kopfhöhe der Ergänzungsschraube . . . h	4	6	8	10	12	±0,10

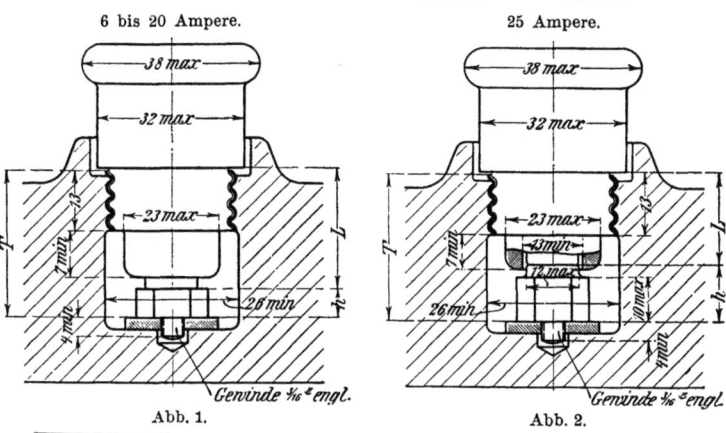

Abb. 1.   Abb. 2.

[1]) Erläuterungen hierzu siehe ETZ 1908 S. 496.

Für die übrigen Stöpseldimensionen, die in den Abb. 1 und 2 eingetragen sind, gilt folgendes:

Der äußere Durchmesser des Stöpselfußes darf nicht mehr als 23 mm, und der innere lichte Durchmesser desselben nicht weniger als 13 mm betragen. Der zylindrische Ansatz der Ergänzungsschraube darf nicht einen größeren Durchmesser als 12 mm besitzen; die Höhe des Sechskants

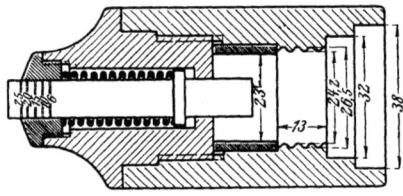

Lehre für den Sicherungsstöpsel.
Abb. 3.

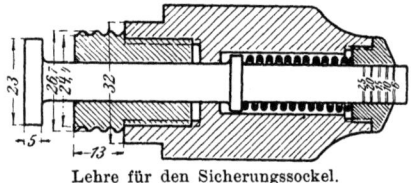

Lehre für den Sicherungssockel.
Abb. 4.

darf nicht mehr als 10 mm betragen. Die Länge des Gewindes muß 13 mm, und der Abstand der unteren Fläche des Porzellanes des Stöpselfußes von dem Gewindering muß mindestens 7 mm betragen. Das Gewinde der Ergänzungsschraube muß $^3/_{16}''$ engl. und die Länge des Gewindes mindestens 4 mm sein.

Der Durchmesser des Wulstes am Kopfe des Stöpsels darf 38 mm und der Durchmesser des Halses 32 mm nicht überschreiten.

Zur Kontrolle der Stöpsel und Sockel können die Lehren Abb. 3 und 4 verwendet werden.

Am Schluß der Seite 135 sind anzufügen:

Normalien für Stöpselsicherungen mit großem Edisongewinde.[1]

Gültig ab 1. Juli 1909.

(Gültig für Stromstärken von 6 bis 60 Amp.)

Nachstehende Festsetzungen beziehen sich nur auf Stöpselsicherungen mit großem Edisongewinde, bei denen die Unverwechselbarkeit durch Höhenunterschiede erreicht wird (Abb. 1).

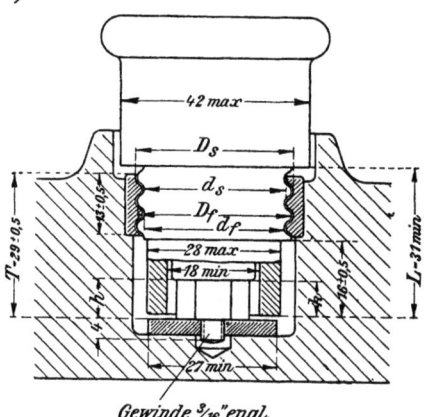

Abb. 1.

Das Idealgewindeprofil des großen Edisongewindes (Abb. 2 unten) setzt sich aus zwei unmittelbar tangential ineinander übergehenden, gleichen Kreisbogen zusammen, deren Radien = 1,19 mm sind.

---

[1] Erläuterungen hierzu siehe ETZ 1908 S. 513.

Der äußere Durchmesser des Idealgewindes beträgt 33,1 mm, die Gewindetiefe $t_0 = 1{,}3$ mm, die Steigung

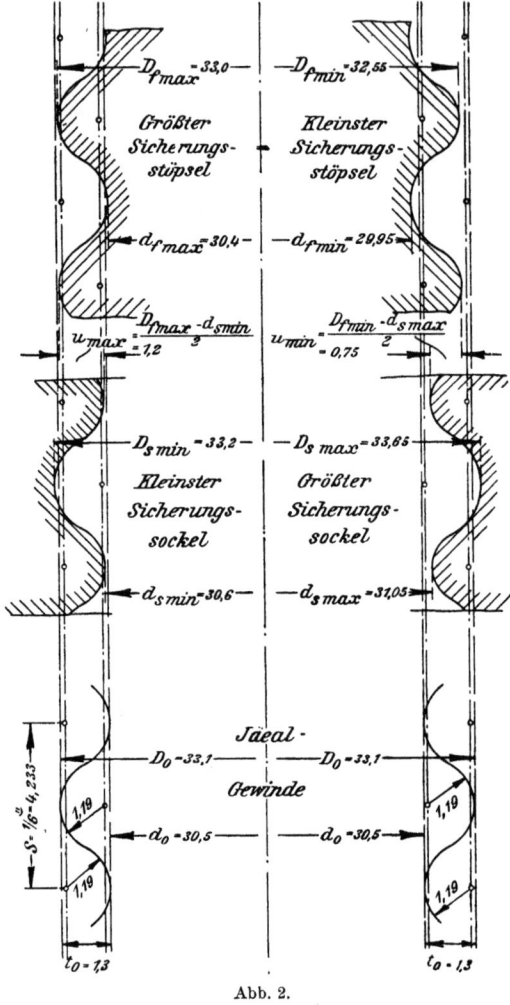

Abb. 2.

$s = \frac{1}{6}''$ engl., das heißt, es gehen sechs Gänge auf einen englischen Zoll.

Die Kaliberlehren für den Sicherungsstöpsel sind in Abb. 3, diejenigen für den Sicherungssockel in Abb. 4 dargestellt.

Das vorgeschriebene Gewinde der Hauptlehren hat die-

Lehren für den Sicherungsstöpsel.

| Gewinde im neuen Zustande. | Ansicht auf Schauloch O. | Gewinde nach größtzulässiger Abnutzung. |

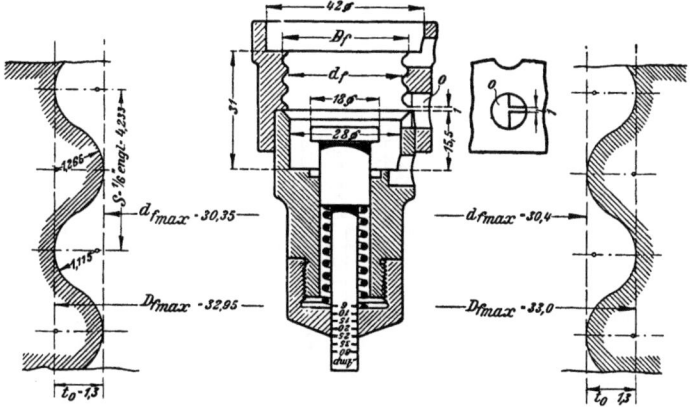

Hilfslehre.

Abb. 3.

selbe Steigung und Gewindetiefe wie das Idealgewinde; das Gewindeprofil ist aus zwei unmittelbar tangential in- einander übergehenden Kreisbogen gebildet, die mit Radien von 1,115 und 1,265 mm beschrieben sind, und läuft infolgedessen zu dem Idealprofil im Abstande von 0,075 mm äquidistant.

Zwischen dem Idealprofil und dem Gewindeprofil der neuen Lehren besteht demnach ein Spielraum von 0,15 mm im Durchmesser. Dieser Wert darf infolge der Abnutzung der Lehren nicht auf weniger als 0,1 mm sinken. Es beträgt also die höchstzulässige Abnutzung der Kaliberlehren 0,05 mm im Durchmesser. In Abb. 3 und 4 sind die Ge-

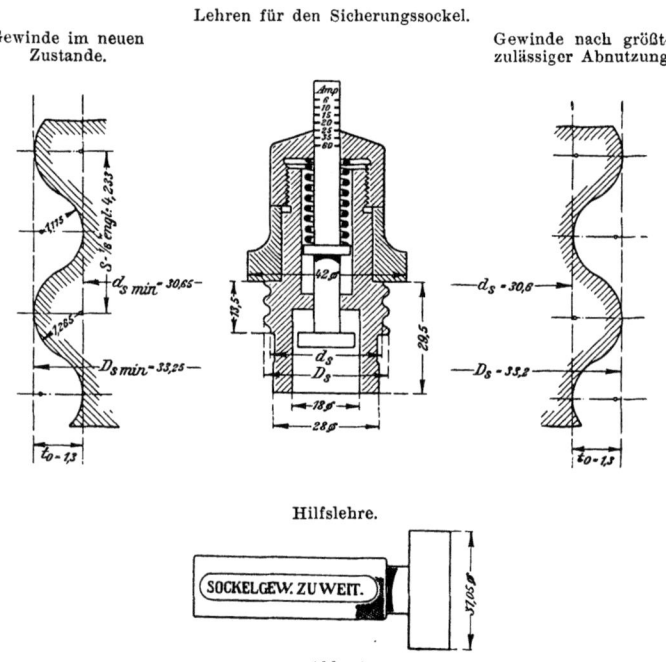

Abb. 4.

windeprofile der Hauptlehren im neuen Zustande und nach größtzulässiger Abnutzung dargestellt.

Als Fabrikationstoleranz wird 0,45 mm im Durchmesser von dem Gewindedurchmesser der neuen Hauptlehren aus gerechnet, für den Sicherungsstöpsel nach unten und für den Sockel nach oben, zugelassen. Der hierdurch bestimmte minimale Außendurchmesser des Sicherungsstöpsels $D_{f\,min.}$ wird durch die Hilfslehre (Ring), Abb. 3 unten, und der maximale Innendurchmesser des Sicherungssockels $d_{s\,max.}$ durch die Hilfslehre (Bolzen), Abb. 4 unten, geprüft.

In Abb. 2 sind Gewindestücke des Sicherungsstöpsels und des Sicherungssockels in den beiden äußersten Zusammenstellungen gezeigt; die hierbei auftretenden maximalen und minimalen Überdeckungen der Gewinde sind in der Abbildung eingetragen.

Die sämtlichen Maße der Gewindedurchmesser des Sicherungsstöpsels und des Sicherungssockels sind mit Angabe der zur Kontrolle desselben zu verwendenden Kaliberlehren in Tab. 1 zusammengestellt.

Tabelle 1.

Zusammenstellung der Gewindedurchmesser.[1]

für den Sicherungsstöpsel		für beide Teile	für den Sicherungssockel	
minimaler	maximaler	idealer	minimaler	maximaler

Innendurchmesser:

| — | $\begin{vmatrix} d_{f\,max.}=30{,}35\,^{2)} \\ \div\,30{,}40\text{ mm}\,^{3)} \end{vmatrix}$ | $d_0=30{,}5\text{ mm}$ | $\begin{vmatrix} d_{s\,min.}=30{,}65\,^{4)} \\ \div\,30{,}60\text{ mm}\,^{5)} \end{vmatrix}$ | $d_{s\,max.}=31{,}05\text{ mm}$ |

Außendurchmesser:

| $D_{f\,min.}=32{,}55\text{ mm}$ | $\begin{vmatrix} D_{f\,max.}=32{,}95\,^{2)} \\ \div\,33{,}0\text{ mm}\,^{3)} \end{vmatrix}$ | $D_0=33{,}1\text{ mm}$ | $\begin{vmatrix} D_{s\,min.}=33{,}25\,^{4)} \\ \div\,33{,}2\text{ mm}\,^{5)} \end{vmatrix}$ | — |

gemessen durch die

| Hilfslehre (Abb. 3 unten) | Hauptlehre (Abb. 3 oben) | [6] | Hauptlehre (Abb. 4 oben) | Hilfslehre (Abb. 4 unten) |

Die zur Erzielung der Unverwechselbarkeit für die verschiedenen Stromstärken einzuhaltenden Maße mit den zugelassenen Toleranzen sind in der folgenden Tab. 2 angegeben.

---

[1] Abb. 2, 3, 4.
[2] Gewindedurchmesser der Kaliberlehre, neu, Abb. 3, oben links.
[3] Desgleichen, nach größtzulässiger Abnutzung, Abb. 3, oben rechts.
[4] Gewindedurchmesser der Kaliberlehre, neu, Abb. 4, oben links.
[5] Desgleichen, nach größtzulässiger Abnutzung, Abb. 4, oben rechts.
[6] Nur theoretisch vorhandene Maße, Abb. 2, unten.

Tabelle 2.
Zusammenstellung der Unverwechselbarkeitsmaße.

Stromstärke Amp.	6	10	15	20	25	35	60	Größte zulässige Abweichung
Idealmaß[1]	3,7	5,7	7,7	9,7	11,7	13,7	15,7	—
Sollmaß der Kontakttiefe . . . . k	3,35	5,35	7,35	9,35	11,35	13,35	15,35	± 0,15
Sollmaß der Kopfhöhe der Ergänzungsschraube h	4	6	8	10	12	14	16	± 0,10

Alle übrigen von den Normalien vorgeschriebenen Abmessungen der Stöpselsicherungen gehen aus Abb. 1 hervor.

Zur Kontrolle derselben können auch die zur Kontrolle des Gewindes benutzten Hauptlehren, Abb. 3 bzw. 4, verwendet werden.

Das für die Kontaktschiene des Sicherungssockels vorgeschriebene Maß von mindestens 27 mm muß wenigstens nach einer Richtung vorhanden sein.

Die Normalien für Stöpselsicherungen mit großem Edisongewinde gelten vom 1. VII. 1909 ab.

---

[1]) Nur theoretisch vorhandenes Maß.

Am Schluß der Seite 141 sind anzufügen:

Normalien für Fassungsnippel.[1]

Gültig ab 1. Januar 1909.

Als äußere Gewindedurchmesser für Nippelgewinde werden festgesetzt:

10 mm, 13 mm, 16 mm.

Gewindeform nach Whitworth, Steigung 26 Gang auf 1" engl., Gewindetiefe 0,625 mm (Abb. 3). Die Abmessungen sind nachstehenden Abbildungen und Tabellen zu entnehmen.

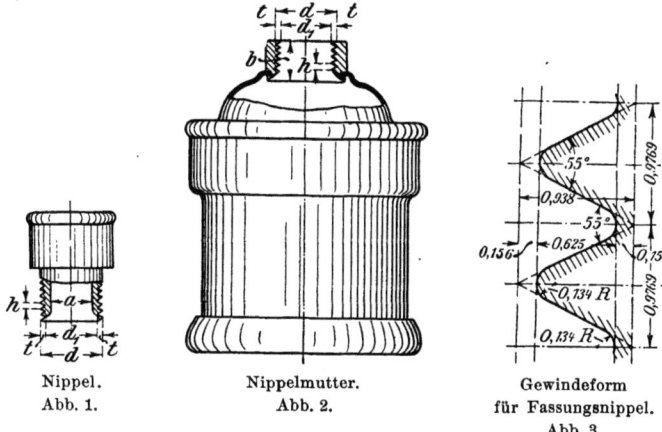

Nippel.
Abb. 1.

Nippelmutter.
Abb. 2.

Gewindeform
für Fassungsnippel.
Abb. 3.

d = äußerer Gewindedurchmesser
d_1 = Kerndurchmesser
$t = \dfrac{d - d_1}{2}$ = Gewindetiefe
h = Steigung des Gewindes
$m = \dfrac{25{,}4}{h}$ = Anzahl der Gewindegänge auf 1" engl.
a = Lichte Weite des Nippels
b = Gewindelänge der Nippelmutter

---

[1] Erläuterungen hierzu siehe ETZ 1908 S. 474.

Bei Nippeln und Nippelmuttern müssen die Kanten, wie in den Abb. 1 und 2 angegeben, stark verrundet sein. Als Anschlußgewinde für Reduziernippel kann außer obigen Gewinden das normale Rohrgewinde des Vereins Deutscher Gas- und Wasserfachmänner und des Vereins Deutscher Ingenieure genommen werden („Zeitschrift des Vereins Deutscher Ingenieure" 1903, S. 1236).

Tabelle 1.

Zusammenstellung.

Normal-Fassungsnippel			Größe I 10 mm	Größe II 13 mm	Größe III 16 mm
Äußerer Gewindedurchmesser ideal			10,00	13,00	16,00
Steigung, Anzahl der Gewindegänge auf 1" engl.			26	26	26
Gewindetiefe			0,625	0,625	0,625
Nippel	Äußerer Gewindedurchmesser	max.	9,98	12,98	15,98
		min.	9,83	12,83	15,83
	Kerndurchmesser	max.	8,73	11,73	14,73
		min.	8,58	11,58	14,58
Nippelmutter	Äußerer Gewindedurchmesser	max.	10,17	13,17	16,17
		min.	10,02	13,02	16,02
	Kerndurchmesser	max.	8,92	11,92	14,92
		min.	8,77	11,77	14,77
Radiales Spiel zwischen Bolzen und Mutter		max.	0,17	0,17	0,17
		min.	0,02	0,02	0,02
Übergriff im Gewinde		max.	0,605	0,605	0,605
		min.	0,455	0,455	0,455
Gewindelänge der Nippelmutter b min.			7	7	7
Lichte Weite des Nippels a			7	10	13

Spiel zwischen Idealgewinde und max. Bolzen bzw. min. Mutter . . . . im Durchmesser 0,02 mm
Fabrikationstoleranz . . . . „ „ 0,15 „

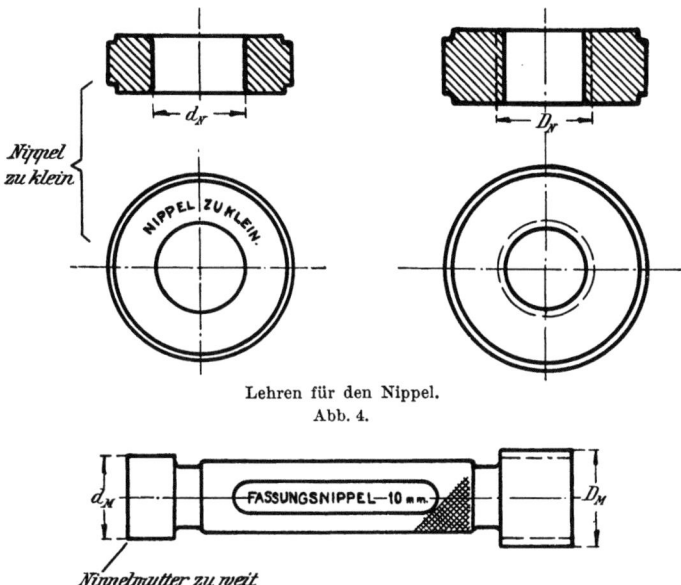

Lehren für den Nippel.
Abb. 4.

Lehre für die Nippelmutter.
Abb. 5.

Tabelle 2.

Lehren.

Normal-Fassungsnippel			Größe I 10 mm	Größe II 13 mm	Größe III 16 mm
Nippel (Abb 4)	Gewindelehre (Ring)	neu D_N	9,95	12,95	15,95
		abgenutzt	9,98	12,98	15,98
	Kaliberring, Nippel zu klein d_N		9,83	12,83	15,83
Nippel- mutter (Abb. 5)	Gewindelehre (Bolzen)	neu D_M	10,05	13,05	16,05
		abgenutzt	10,02	13,02	16,02
	Kaliberbolzen, Nippelmutter zu weit . . . . d_M		8,92	11,92	14,92

Höchst zulässige Abnutzung der Lehren 0,03 mm im Durchmesser.

Normalien für Bogenlampen.

Der alte Wortlaut auf Seite 146 und 147 ist zu ersetzen durch nachstehenden, vom 1. Juli 1908 gültigen.

Die Leistung einer Bogenlampe wird praktisch bewertet nach ihrem wichtigsten Anwendungsgebiet, nämlich der direkten Beleuchtung des Raumes unterhalb einer durch die Lichtquelle gelegten Horizontalebene. Als ihr praktisches Maß gilt daher die mittlere untere hemisphärische Lichtstärke ($J_\cup$, spr. kurz J hemisphärisch) gemessen in HK, wobei dieses Zeichen mit dem Index $\cup$ zu versehen, also zu schreiben ist: $HK_\cup$ (spr. Hefnerkerzen hemisphärisch). Dahinter ist in Klammer derjenige Faktor anzufügen, mit welchem man die mittlere untere hemisphärische Lichtstärke multiplizieren muß, um die mittlere sphärische Lichtstärke zu erhalten in der Form ($k_0 = \ldots$).

Diese Angaben beziehen sich auf den betriebsmäßigen Zustand der Bogenlampe, jedoch ohne Außenreflektor und nach Ersatz der sonst im Betriebe benutzten Glocken (bei Dauerbrandlampen nach Ersatz der Innen- und Außenglocken) durch möglichst schlierenfreie Klarglasglocken von gleicher Abmessung.

Angaben über den Einfluß zerstreuender Glocken, von Außenreflektoren u. dgl., sind auf die in Abs. 1 und 2 definierte Lichtstärke der Bogenlampe zu beziehen.

Als praktischer Effektverbrauch einer Bogenlampe gilt der Gesamtverbrauch eines Bogenlampenstromkreises, gemessen an der Abzweigstelle vom Netz, dividiert durch die Anzahl der Lampen. Bei Angabe dieses Effektverbrauches ist die Netzspannung mit anzugeben.

Als praktischer spezifischer Effektverbrauch einer Bogenlampe gilt der so gekennzeichnete

Effektverbrauch dividiert durch die Lichtstärke J_o Zur Bezeichnung dieser Größe dient der Ausdruck „W/HK$_\mathrm{o}$ bei n Volt Netzspannung" (spr. Watt pro Hefnerkerze hemisphärisch usw.).

Angaben für Wechselstromlampen sind, wenn nichts anderes bemerkt ist, für sinusförmige Kurve der Betriebsspannung und eine Frequenz von 50 Perioden zu verstehen. In jedem Falle ist anzugeben, in welcher Schaltung die Lampe photometriert, und ob induktionsfreier oder induktiver Vorschaltwiderstand angenommen worden ist.

Der Wert „HK$_\mathrm{o}$/W bei n Volt Netzspannung" wird als praktische Lichtausbeute bezeichnet.

Vorschriften für die Photometrierung von Bogenlampen.

Der alte Wortlaut auf Seite 148 ist zu ersetzen durch nachstehenden, vom 1. Juli 1908 ab gültigen.

Vor der photometrischen Messung sind die Bogenlampen mit Kohlen von vorgeschriebenen Durchmessern und Marken und von einer Länge, welche etwa der halben Brenndauer der Lampe entspricht, zu versehen und eine Stunde lang in normalen Betrieb zu nehmen. Hieran schließt sich unmittelbar die Photometrierung, ohne daß der erreichte Beharrungszustand durch Abnehmen der Glocke oder sonstwie gestört werden darf.

Die Bogenlampen sollen beim Messen so einreguliert sein, daß ihre mittlere Stromstärke mit der für sie angegebenen übereinstimmt. Für Wechselstromlampen ist die Schaltung bei der Photometrierung möglichst den praktischen Verhältnissen anzupassen.

Die Bestimmung von J_o erfolgt entweder durch Auswertung der mittleren Polarkurve oder mit Hilfe eines Integrators (Ulbrichtsche Kugel). Die einzelnen Polarkurven sind in der Weise zu ermitteln, daß in der Meßebene auf beiden Seiten der Lampe unter gleichen Winkeln die Lichtmessungen möglichst gleichzeitig ausgeführt werden. Die Messungen schreiten in dieser Ebene höchstens von 10^0 zu 10^0 weiter. Als Meßebene gilt bei übereinander angeordneten Kohlen eine durch die Kohlenachsen gelegte Ebene. Bei Lampen mit nebeneinanderstehenden Kohlen sind zwei Meßebenen anzunehmen, deren eine mit der Kohlenebene zusammenfällt, deren andere senkrecht zur ersteren steht und durch die vertikale Achse der Bogenlampe geht. — Bei hemisphärischer Messung ist die die untere hemisphärische Lichtstärke begrenzende horizontale Ebene durch den Lichtschwerpunkt der Bogenlampe zu legen.

Die Ulbrichtsche Kugel muß einen Durchmesser von mindestens 1,5 m haben.

Am Schluß der Seite 167 sind anzufügen:

Normalien für die Bezeichnung von Klemmen bei Maschinen, Anlassern, Regulatoren und Transformatoren.[1]

Gültig ab 1. Juli 1908.

A. Allgemeines.

Es wird empfohlen, auf den Maschinen, den dazu gehörigen Apparaten und Transformatoren der im allgemeinen üblichen Bauart (Gleichstrommaschinen mit Nebenschluß-, Hauptstrom- und Compoundwicklung mit oder ohne Wendepole bzw. Kompensationswicklung, Ein- und Mehrphasen-Maschinen, Umformer, Doppelgeneratoren, Transformatoren, Anlasser, Regulatoren usw.) einheitliche Bezeichnungen an den Klemmen anzubringen. Bei Spezialausführungen (z. B. Zweikollektormaschinen, Kommutatormaschinen für Wechselstrom, Spezialanlasser usw.) werden für die notwendigen Ergänzungen vorläufig keine einheitlichen Bezeichnungen festgelegt.

Die normale Klemmenbezeichnung soll das Schaltungsschema nicht ersetzen.

Eine Klemme kann bzw. muß unter Umständen mehrere Buchstaben erhalten.

B. Maschinen und dazu gehörige Apparate.

Der Drehsinn (Rechtslauf: im Uhrzeigersinn, Linkslauf: entgegen dem Uhrzeigersinn) ist bei Maschinen stets von der Riemenscheiben- bzw. Kupplungsseite aus gesehen zu verstehen.

---

[1] Erläuterungen hierzu siehe ETZ 1908 S. 469.

I. Gleichstrom.

Die einheitliche Bezeichnung der Klemmen von Gleichstrommaschinen, Anlassern und Regulatoren soll sein:

Anker	mit	$A-B$
Nebenschlußwicklung	„	$C-D$
Hauptstromwicklung	„	$E-F$
Wendepolwicklung bzw. Kompensationswicklung	„	$G-H$
Fremderregte Magnetwicklung	„	$J-K$
Leitung, unabhängig von Polarität	„	L
Netz, Zweileiter	„	$N-P$
„ Dreileiter	„	$N-0-P$
„ Nulleiter	„	0
Anlasser	„	$L, M, R,$

wobei
L mit N oder P verbunden werden kann,
M „ C „ D (ev. über einen Regulator),
R „ A „ B, E, F, G, H je nach Schaltung.

Bei Magnet-Regulatoren sind die Klemmen, welche mit dem Widerstand verbunden sind . . „ $s-t$
zu bezeichnen, wobei s mit dem Schleifkontakt unmittelbar in Verbindung steht und mit
C oder D bei Selbsterregung,
J „ K „ Fremderregung
zu verbinden ist.

Wenn eine mit dem Ausschaltkontakt verbundene Klemme vorhanden ist, wird sie . . . „ q
bezeichnet.

Wiederholen sich Bezeichnungen an der gleichen Maschine, so sind dieselben durch Indizes zu unterscheiden, z. B. bei

Doppelkommutatormaschinen mit A_1-B_1, A_2-B_2
bei Maschinen mit Wendepol- und Kompensationswicklung
für erstere . . . . mit G_1-H_1
„ letztere . . . . „ G_2-H_2

II. Wechselstrom (ausschl. Kommutatormaschinen).
(Einphasen- und Mehrphasenstrom.)

Die einheitliche Bezeichnung von Wechselstrommaschinen, Anlassern und Regulatoren soll sein:

Anker bzw. Primäranker . . . . mit U, V, W
  bei verketteter Schaltung.
  (bei Einphasenstrom $U-V$)
Anker bzw. Primäranker . . . . „ U, V, W, X, Y, Z
  bei offener Schaltung, wobei $U-X$,
  $V-Y, W-Z$ je zu einer Phase gehören.
Bei Zweiphasenstrom ist die Bezeichnung $U-X, Y-V$
  (bei Verkettung erhält der Verkettungs-
  punkt die Bezeichnung X, Y.)
Bei Einphasenmotoren mit Hilfsphase wird
  die Hauptwicklung . . . . „ $U-V$
  die Hilfswicklung . . . . „ $W-Z$
  bezeichnet.
Nullpunkt und bei Einphasenstrom der
  Mittelleiter . . . . „ O
Sekundäranker (dreiphasig) . . . . „ u, v, w
Sekundäranker (zweiphasig) . . . . „ $u-x, y-v$
Magnetwicklung (Gleichstrom) . . . . . . „ $J-K$
Leitung, unabhängig von Polarität bzw. Phase „ L
Netz, Drehstrom mit drei Leitungen . . . „ R, S, T
Netz, Drehstrom mit vier Leitungen (Null-
  leitung) . . . . „ O, R, S, T
Netz, Einphasenstrom, Zweileiter . . . . . „ $R-T$
Netz, Einphasenstrom, Dreileiter . . . . . „ $R-O-T$
Netz, Zweiphasenstrom . . . . „ $Q-S, R-T$
Bei Regulatoren für Generatoren sind die
  Klemmen, welche mit dem Widerstand verbunden sind . . . . „ $s-t$
  zu bezeichnen, wobei s mit dem Schleifkontakt in unmittelbarer Verbindung
  steht und mit J oder K zu verbinden
  ist. Wenn eine mit dem Ausschaltkontakt verbundene Klemme vorhanden
  ist, wird sie . . . . „ q
  bezeichnet.
  Bei Anlassern werden die Klemmen
bezeichnet:
  bei dreiphasiger Ausführung . . . . „ u, v, w
  „ zweiphasiger   „   . . . . „ $u-x, y-v$

bei Primäranlassern für Drehstrom . . . . mit X, Y, Z,
    wenn sie im Nullpunkt angeschlossen
    werden.
„ Primäranlassern . . . . „ $U_1-U_2, V_1-V_2,$
    wenn sie zwischen Netz und Motor $W_1-W_2,$
    angeschlossen werden.

Es wird empfohlen, daß bei Generatoren die Reihenfolge der Buchstaben U, V, W die zeitliche Reihenfolge der Phasen bei Rechtslauf angibt.

C. Transformatoren.

Die einheitliche Bezeichnung der Klemmen von Transformatoren soll sein:

Drehstromwicklung höherer Spannung (Oberspannungswicklung) . . . . mit U, V, W
    bei verketteter Schaltung.
Drehstromwicklung niederer Spannung
(Unterspannungswicklung . . . . „ u, v, w
    bei verketteter Schaltung.
Drehstromwicklung höherer Spannung (Oberspannungswicklung) . . . . „ U, V, W, X, Y, Z
    bei offener Schaltung.
Drehstromwicklung niederer Spannung
(Unterspannungswicklung) . . . . „ u, v, w, x, y, z
    bei offener Schaltung.
Einphasenstrom, Wicklung höherer Spannung
(Oberspannungswicklung) . . . . „ $U-V$
Einphasenstrom, Wicklung niederer Spannung
(Unterspannungswicklung) . . . . „ $u-v$
Nullpunkt und bei Einphasenstrom, Mittelleiter
    für Oberspannung . . . . „ O
    für Unterspannung . . . . „ o
Stromtransformator,
    Netzseite . . . . „ L_1-L_2
    Apparatseite . . . . „ l_1-l_2

Die alphabetische Reihenfolge der Buchstaben, die an den Klemmen der Primär- und Sekundärwicklung angebracht sind, muß den gleichen Drehsinn ergeben.

Beispiele für die Bezeichnung der Klemmen nach vorstehenden Normalien:

Gleichstrom-Generatoren und -Motoren.

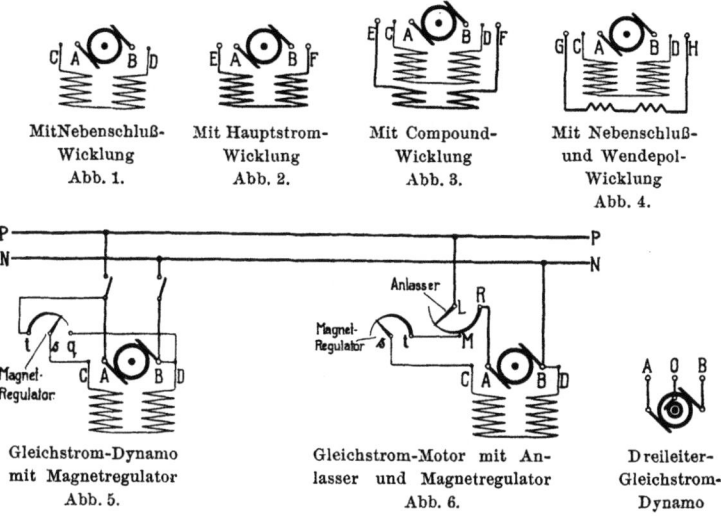

MitNebenschluß-Wicklung
Abb. 1.

Mit Hauptstrom-Wicklung
Abb. 2.

Mit Compound-Wicklung
Abb. 3.

Mit Nebenschluß- und Wendepol-Wicklung
Abb. 4.

Gleichstrom-Dynamo mit Magnetregulator
Abb. 5.

Gleichstrom-Motor mit Anlasser und Magnetregulator
Abb. 6.

Dreileiter-Gleichstrom-Dynamo
Abb. 7.

Wechselstrom-Generatoren und Synchron-Motoren.

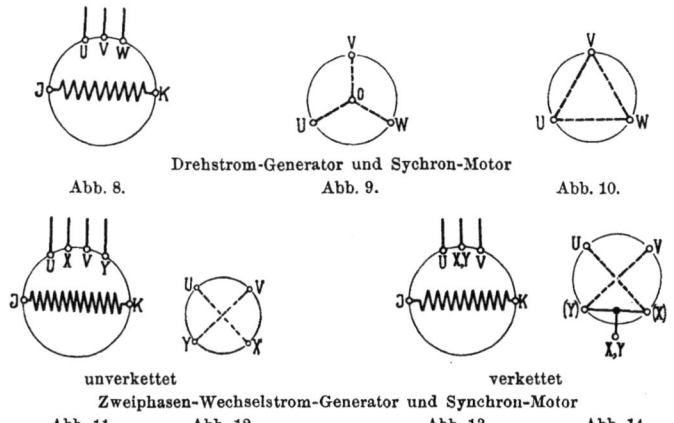

Abb. 8.

Drehstrom-Generator und Sychron-Motor
Abb. 9.

Abb. 10.

unverkettet
Abb. 11. Abb. 12.

verkettet
Zweiphasen-Wechselstrom-Generator und Synchron-Motor
Abb. 13. Abb. 14.

Asynchrone Wechselstrom-Motoren.

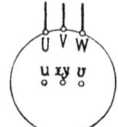 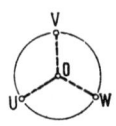 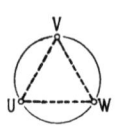

zweiphasigem   mit dreiphasigem Anker   Stern-Schaltung   Dreieck-Schaltung

Drehstrom-Motor, Stator verkettet

Abb. 15.   Abb. 16.   Abb. 17.   Abb. 18

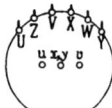 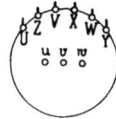 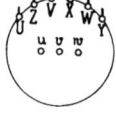 

zweiphasigem   mit dreiphasigem Anker

Drehstrom-Motor, Stator unverkettet

Abb. 19.   Abb. 20.   Abb. 21.

Spannungs-Transformatoren.

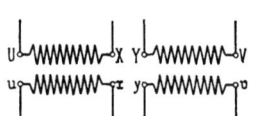 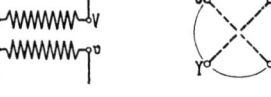

Für zweiphasigen unverketteten Wechselstrom

Abb. 22.   Abb. 23.   Abb. 24.

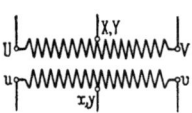  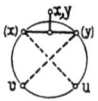

Für zweiphasigen verketteten Wechselstrom

Abb. 25.   Abb. 26.   Abb. 27.

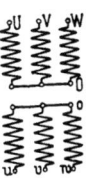 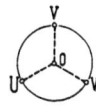 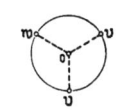 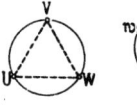 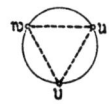

Stern-Schaltung Stern-Schaltung Dreieck-Schaltung

Für Drehstrom, Transformator in verketteter Schaltung
Abb. 28. Abb. 29. Abb. 30. Abb. 31. Abb. 32.

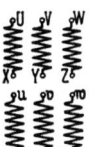 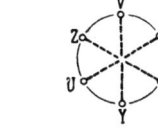 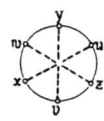

Für Drehstrom, Transformator in offener Schaltung
Abb. 33. Abb. 34. Abb. 35.

Netz-Bezeichnungen.

Gleichstrom.

Zweileiter-Netz Dreileiter-Netz
Abb. 36. Abb. 37.

Beispiel:

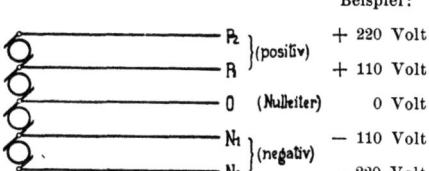

+ 220 Volt
+ 110 Volt
0 Volt
− 110 Volt
− 220 Volt

Fünfleiter-Netz
Abb. 38.

47

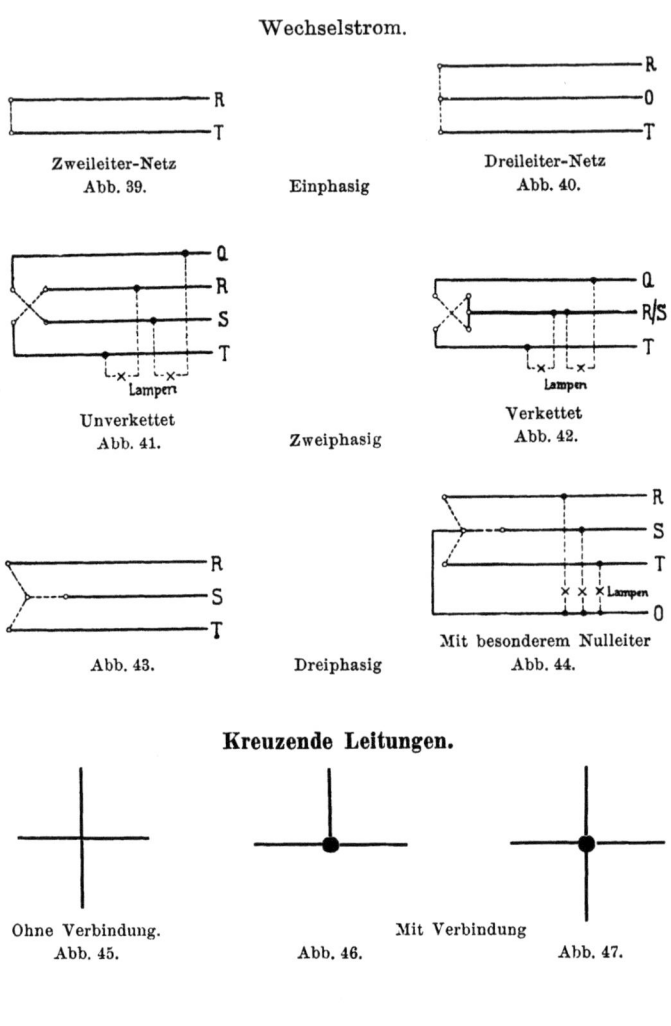

Wechselstrom.

Zweileiter-Netz
Abb. 39.

Einphasig

Dreileiter-Netz
Abb. 40.

Unverkettet
Abb. 41.

Zweiphasig

Verkettet
Abb. 42.

Abb. 43.

Dreiphasig

Mit besonderem Nulleiter
Abb. 44.

Kreuzende Leitungen.

Ohne Verbindung.
Abb. 45.

Abb. 46.

Mit Verbindung
Abb. 47.

MIX
Papier aus verantwortungsvollen Quellen
Paper from responsible sources
FSC® C105338

If you have any concerns about our products,
you can contact us on
ProductSafety@springernature.com

In case Publisher is established outside the EU,
the EU authorized representative is:
Springer Nature Customer Service Center GmbH
Europaplatz 3, 69115 Heidelberg, Germany

Printed by Libri Plureos GmbH
in Hamburg, Germany